Stefan Müller

Die Berechnung der eindimensionalen zeitunabhängigen Schrödingergleichung für einfache Potentiale und ihre physikalische Bedeutung

GRIN Verlag

Bibliografische Information der Deutschen Nationalbibliothek:

Die Deutsche Bibliothek verzeichnet diese Publikation in der Deutschen National-
bibliografie; detaillierte bibliografische Daten sind im Internet über http://dnb.d-
nb.de/ abrufbar.

Impressum:

Copyright © 2011 GRIN Verlag GmbH
Druck und Bindung: Books on Demand GmbH, Norderstedt Germany
ISBN: 978-3-640-88509-1

Dieses Buch bei GRIN:

http://www.grin.com/de/e-book/169988/die-berechnung-der-eindimensionalen-
zeitunabhaengigen-schroedingergleichung

GRIN - Your knowledge has value

Der GRIN Verlag publiziert seit 1998 wissenschaftliche Arbeiten von Studenten, Hochschullehrern und anderen Akademikern als eBook und gedrucktes Buch. Die Verlagswebsite www.grin.com ist die ideale Plattform zur Veröffentlichung von Hausarbeiten, Abschlussarbeiten, wissenschaftlichen Aufsätzen, Dissertationen und Fachbüchern.

Besuchen Sie uns im Internet:

http://www.grin.com/

http://www.facebook.com/grincom

http://www.twitter.com/grin_com

FACHARBEIT

Thema: Die Berechnung der eindimensionalen zeitunabhängigen
Schrödingergleichung für einfache Potentiale und ihre
physikalische Deutung

Name: Müller Stefan

Jahrgang: 2009/2011

Leistungskursfach: Physik

Inhaltsverzeichnis

1. „Die größte Errungenschaft der Wissenschaft des 20. Jahrhunderts"

„Jeder weiß, daß Einsteins Relativitätstheorie die größte Errungenschaft der Wissenschaft des 20. Jahrhunderts ist, und jeder irrt sich."[1] Mit diesem Satz leitet John Gribbin sein Buch über die Quantentheorie ein und schreibt weiter: „(...) *die Quantenmechanik ist die Grundlage aller modernen Naturwissenschaft.*"[2] An dieser Stelle sei auch bemerkt, dass Einstein seinen Nobelpreis, nicht wie oft angenommen wird, für die Entwicklung der Relativitätstheorie erhalten hat, sondern für die Erklärung des licht-elektrischen Effekts, der auf Anfängen der Quantentheorie basiert.[3] Ohne die Quantenmechanik wären Atomkraftwerke, Laser und Computer undenkbar, der Chemie wäre die theoretische Basis entzogen und die Mikrobiologie würde nicht existieren. Die DNA und ihre entschlüsselung und damit die Gentechnologie wären Sciencefiction.[4]

Um 1900 warf eine Reihe von Entdeckungen Fragen auf, die dringend einer Erklärung bedurften. Das ging von der Entdeckung des Elektrons über die Röntgenstrahlung bis hin zur Radioaktivität[5]. Die umfassende Antwort war die Quantenmechanik.Sie beschreibt das Verhalten von Materie und Licht exakt. Ein mathematischer Formalismus der als „Grundgleichung" der Quantenmechanik fungieren kann, ist die sogenannte Schrödingergleichung. Sie wurde 1926 vom Österreicher Erwin Schrödinger entwickelt und in seiner Arbeit „Die Quantisierung als Eigenwertproblem" veröffentlicht, für die er 1933, zusammen mit Paul Dirac, den Nobelpreis für Physik erhielt. [6] Es soll Ziel dieser Facharbeit sein, eine Deutung der Quantenmechanik, insbesondere eine physikalische Interpretation der Schrödingergleichung, darzulegen. Außerdem wird die eindimensionale, zeitunabhängige Schrödingergleichung für grundlegende Beispiele diskutiert und berechnet.

---

1 Gribbin, John: Auf der Suche nach Schrödingers Katze, München/ Zürich, 1991, S.13ff.
2 ebd.
3 ebd. S.62.
4 ebd. S. 15.
5 ebd. S.37ff.
6 vgl. Wünschmann, A: Der Weg zur Quantenmechanik, o.O., o.J., S.27.

2. Der Weg zur Schrödingergleichung

Es ist generell nicht möglich die Schrödingergleichung durch Anwendung klassischer Grundgleichungen herzuleiten, sie hat sich jedoch experimentell bewährt. Es muss also versucht werden den Sachverhalt durch heuristische Gedankengänge zu erfassen und mathematisch darzustellen. Das heißt, man nimmt die Richtigkeit der Gleichung an und sucht dann den Weg zur Gleichung selbst, deren Gültigkeit ebenfalls angenommen ist. Im folgenden ist ein möglicher Weg zur Schrödingergleichung beschrieben.

Der erste Schritt zur gesuchten Gleichung ist die Materiewelle nach L. V. De Broglie. Die von ihm gefundene Beziehung lautet:

$$v = \frac{mc^2}{h} \quad \text{und} \quad \lambda = \frac{h}{mv} \tag{1}$$

Diese Formeln sind jedoch nicht relativistische Näherungen, der Entdeckung De Broglies, der seine Arbeit im Rahmen der Relativitätstheorie entwarf. Schrödinger selbst hat 1925 versucht die Gleichung unter Beachtung der Relativität aufzustellen, er erhielt jedoch unbrauchbare Ergebnisse.[7]

Ein weiterer Schritt auf dem Weg zur Schrödingergleichung, ist ein Vergleich mit der Optik, in der es es zwei Bereiche gibt, die geometrische Optik und die Wellenoptik. Die geometrische Optik kann zum Beispiel den Lichtweg erklären - es wird hier angenommen, Licht bestehe aus einzelnen Lichtstrahlen. Will man Phänomene wie die Beugung von Licht erklären, so benötigt man die Wellenoptik. Die geometrische Optik stellt nur eine Näherung für kleine Wellenlängen dar.

Die Differentialgleichung der Optik :

$$s(x,t) = A \sin \omega \left(t - \frac{x}{c} \right) ; (\text{Amplitudenverteilung}) \quad \omega = 2\pi f ; \quad c = f\lambda \quad f = \frac{1}{T}$$

$$\rightarrow s = A \sin \frac{2\pi}{T} \left(t - \frac{x}{\lambda f} \right) = A \sin 2\pi \left(\frac{t}{T} - \frac{x}{\lambda} \right)$$

Zu $t = t_0 = konst$, Zweimal Ableiten :

$$s''(x) + \frac{4\pi^2}{\lambda^2} s(x) = 0 \tag{2}$$

---

7 vgl. Hund, Friedrich: Geschichte der Quantentheorie, überarbeitete Auflage Mannheim/Wien/Zürich, 1984, S. 150,154.

Bezieht man diese Überlegung auf die Mechanik, so könnte man annehmen, dass bei der Untersuchung von atomaren Vorgängen eine Wellenmechanik die klassische ersetzt. Denkt man diese Analogie zu Ende, so könnte man vermuten, dass es eine Wellengleichung analog der, der Wellenoptik gibt, die auch für Materie gilt.[8]

Ernst Schrödinger machte nun genau diesen Vergleich und setzte die Gleichungen De Broglie 's in die Differentialgleichung der Optik wie folgt ein:

$$E = E_{kin} + E_{pot} \quad ; \quad E_{kin} = \frac{1}{2}mv^2 = \frac{p^2}{2m} = E - E_{pot} \quad \rightarrow \quad p = \sqrt{2m(E - E_{pot})} \qquad (3)$$

$$\text{Gleichung (3) eingesetzt in Gleichung (1):} \quad \lambda = \frac{h}{\sqrt{2m(E - E_{pot})}} \qquad (4)$$

Gleichung (4) eingesetzt in Gleichung (2):
(Und Vertauschung der Variable s mit ψ)

$$\psi'' + \frac{8\pi^2 m}{h^2}\left(E - E_{pot}(x)\right)\psi = 0$$

eindimensionale Zeitunabhängige Schrödingergleichung

3. Die Deutung der Quantenmechanik

Schon im Jahr 1926 existierten vier äquivalente mathematische Beschreibungen der Quantenmechanik. Zum einen die Matrizenform von Heisenberg, die sogenannte q-Zahl-Mechanik, auch Quantenalgebra genannt.[9] Außerdem Borns und Wieners Rechnung mit Operatoren und zum anderen Schrödingers Wellengleichung. Sie war die einzige Form, die die Lösung von quantenmechanischen Aufgaben mit Hilfe der damals konventionellen Mathematik ermöglichte. Und trotzdem blieb ein Bezug zur Realität zunächst aus, die variable ψ besaß keine anschauliche Interpretation.[10] In der Wellengleichung Schrödingers kommen Konstanten wie m, also die Masse, vor, die charakteristisch für Teilchen sind. Daran kann man erkennen, dass weder die Teilchenvorstellung, von atomaren Objekten, zum Beispiel Elektronen, noch die Wellenvorstellung ein vollständiges Bild liefern. Dieser Dualismus wirft Fragen zum Realitätsbezug der gesamten Quantenmechanik auf. Im Folgenden wird zuerst die Interpretation der ψ-Funktion gegeben, dann die sogenannte „Kopenhagener Deutung der Quantentheorie", und zuletzt eine alternative Deutung von Hugh Everett dargestellt.

---

8 vgl. Wünschmann, Der Weg zur Quantenmechanik, S. 16,23ff.
9 vgl. Gribbin, Auf der Suche nach Schrödingers Katze S.124.
10 vgl. Hund, Geschichte der Quantentheorie S. 175.

3.1 Die Wahrscheinlichkeitsinterpretation

Max Born deutete das Quadrat der optischen Wellenamplitude als „Wahrscheinlichkeit für das Auftreten von Photonen. Dies bedeutet im Bezug auf die ψ-Funktion, dass $|\psi(x)|^2$ der Aufenthaltswahrscheinlichkeitsdichte eines Quantenobjekts entspricht. Die ψ-Funktion als solche hat keine anschauliche Bedeutung.[11] Diese Interpretation beinhaltet auch den Verlust der klassischen Kausalität, also dem Prinzip von Ursache und Wirkung. Es wird durch eine physikalische Gleichung keine Aussage mehr über den tatsächlichen Zustand eines Objektes gemacht, sondern nur darüber, mit welcher Wahrscheinlichkeit es sich in einem bestimmten Zustand befindet.

3.2 Die Kopenhagener Deutung

Die Kopenhagener Deutung der Quantentheorie besteht im Wesentlichen aus drei Aspekten. Diese drei Bestandteile werden am Beispiel des Doppelspaltversuchs mit Elektronen dargestellt. In diesem Versuch wird ein Elektronenstrahl auf zwei ausreichend kleine Spalten mit genügend kleinem Abstand gerichtet. Hinter den Spalten treffen die Elektronen auf einen Auffangschirm, auf dem dann ein Interferenzmuster sichtbar wird, so wie es sich auch beim Doppelspaltversuch mit Licht verhält.[12]

Der erste Bestandteil ist die sogenannte Unverzichtbarkeit klassischer Begriffe. Das heißt, bei allen Versuchen mit Quantenobjekten, seien es reale Versuche oder Gedankenexperimente, werden zur Beschreibung stets klassische Begriffe verwendet. Über Jönsson's Versuch kann somit nur gesagt werden, dass die Elektronen auf dem Schirm ein Interferenzmuster bilden, darüber wie die einzelnen Elektronen durch die Spalten gelangt sind, das heißt durch welchen der beiden sie fliegen, kann keine Aussage gemacht werden.[13]

Der zweite Punkt ist die Komplementarität (lat. *complementum* = Ergänzung[14]). Das Prinzip der Komplementarität in der Quantentheorie bedeutet die Existenz von sich gegenseitig zwar ausschließenden, aber dennoch unverzichtbaren sich ergänzenden Eigenschaften nebeneinander. Auf den Doppelspaltversuch mit Elektronen bezogen, heißt das, dass ihre durch Interferenz gezeigte Wellennatur, die Teilchennatur nicht ausschließt, sondern lediglich ergänzt.

---

11 vgl. Wünschmann, Der Weg zur Quantenmechanik, S. 26
12 vgl. Hammer, Knauth, Kühnel, 2. korrigierte und verbesserte Auflage, Physik 13 München, 2000, S.11.
13 ebd. S.24.
14 Langenscheidts Taschenwörterbuch Latein, S.113.

Der dritte Aspekt ist die Ganzheitlichkeit der Quantenphänomene. Ein Quantenobjekt, wie das Elektron, hat alleine keine Bedeutung, sondern nur dann, wenn es beobachtet wird. Möchte man ein Quantenphänomen beobachten, so muss man vorher angeben welche Größen gemessen werden, da durch die Wechselwirkung des Messgerätes mit dem Objekt das Phänomen selbst verändert wird. Im Beispiel des Jönsson'schen Doppelspaltexperimentes bedeutet das, dass man neben dem Interferenzmuster am Auffangschirm auch versucht den Spalt zu messen durch welchen die einzelnen Elektronen fliegen. Tut man dies entsteht jedoch kein Interferenzmuster. Der Versuch führt dann zum selben Ergebnis wie ein analoger mit makroskopischen Teilchen.[15]

3.3 Kritik an der Kopenhagener Deutung

In 3.2.3 ist dargestellt was geschieht, wenn beim Doppelspaltexperiment gemessen wird, durch welchen der Spalten die Elektronen fliegen. Das Interferenzmuster verschwindet. Die Elektronen müssten um zu Interferieren jedoch durch beide Spalten fliegen, denn auch ein einzelnes Elektron verhält sich wie eine Welle, das heißt es muss mit sich selbst Interferieren. Es gäbe also zwei mögliche Flugbahnen, die in einer Superposition nebeneinander stehen. Wird der Ort beim durchfliegen der Spalten aber gemessen, so muss sich diese Superposition auflösen. Man bezeichnet dies auch als den Kollaps der Wellenfunktion, der an sich also der Schrödingergleichung widerspricht und sie auf Zeit außer Kraft setzt Eine Kritik an der Kopenhagener Deutung der Quantenmechanik bezieht sich meist auf diesen Prozess. „Schrödingers Katze" ist ein Gedankenexperiment, das Ernst Schrödinger ersann, um die Unvollständigkeit der Quantentheorie aufzuzeigen. Man stelle sich dazu vor, eine Katze werde in einem Behältnis eingesperrt. In dem Behältnis sind außerdem ein Gefäß mit Giftgas, und ein Zufallsgenerator, der in einer festgelegten Zeit mit einer Wahrscheinlichkeit von 50% das Gefäß zerbricht und somit die Katze tötet. Dass Innere des Behältnisses entzieht sich unserer Beobachtung. Will man nach Ablauf der Zeit eine Aussage über den Zustand machen, so sähe sie so aus: Die Katze ist zu 50% am Leben, zu 50% Tod. Da keine Messung stattgefunden hat, gibt es auch keinen wie oben beschriebenen Kollaps der Wellenfunktion. Nach der Kopenhagener Deutung der Quantentheorie hieße das, dass Schrödingers Katze gleichzeitig tot und am leben ist. Mit Hilfe dieses Paradoxons lässt sich die Schwäche der Kopenhagener Deutung gut darstellen. Die zentrale Frage dieses Experiments ist jedoch nicht ob die Katze stirbt, sondern wann. Einer der Zustände, Leben und Tod, wird real, sobald eine Messung vorgenommen wird, also sobald wir die Kiste öffnen. Würde sich

---

15 vgl. Hammer, Knauth, Kühnel, Physik 13, S.25.

jedoch in der Kiste zusätzlich ein Geigerzähler befinden, der selbst aber wiederum nicht beobachtet würde, hätte die Katze dann einen definierten Zustand oder gelten noch immer die beiden komplementären Zustände? Der Schwachpunkt, den die Kopenhagener Deutung nicht erklären kann, ist die Frage nach dem Zeitpunkt des Kollapses der Wellenfunktion.[16]

3.4 Everetts viele-Welten-Interpretation

Hugh Everett lebte und studierte in den Fünfziger Jahren in Princeton, USA. Er veröffentlichte 1954 seine Dissertation mit der berühmten „Viele-Welten-Interpretation", die vor allem für die Sciencefiction Szene bis heute Stoff liefert. Die Viele-Welten-Interpretation umgeht den Kollaps der Wellenfunktion auf elegante Weise, indem sie den Beobachter Teil des Systems werden lässt. Everett argumentiert, dass die Schrödingergleichung grundsätzlich immer und auf alles anwendbar sein müsse und es somit eine „universelle Wellenfunktion" gebe, die gleichzeitig den Beobachter und das beobachtete System beschreibe. Wird der Zustand eines Teilchens gemessen, so geht der komplementäre Zustand nicht verloren, denn die universelle Wellenfunktion erlaubt, dass sich der Beobachter in der Superposition befindet, beide Zustände gemessen zu haben. Die universelle Wellenfunktion bekommt also einen neuen Zweig. Auch nach der Messung ist der gemessene Zustand nicht mehr real als ein anderer Zustand, es gibt vielmehr mehrere Realitäten, die sich jedoch gegenseitig nicht beeinflussen. Everetts Theorie wurde nach ihrer Verfassung im Jahre 1954 jedoch zunächst eher ignoriert, als diskutiert und wurde aus wissenschaftlicher Sicht erst in den 1970er Jahren ernst genommen und erfreut sich seitdem unter Physikern zunehmender Beliebtheit.[17] Ob die Theorie korrekt ist, wird man, so Everett selbst, nie sagen können. Seine Doktorarbeit endete mit dem Satz: „Haben wir erst einmal zugegeben, dass jede physikalische Theorie, im Grunde nur ein Modell für die Welt der Erfahrung ist, müssen wir alle Hoffnung preisgeben so etwas wie die korrekte Theorie zu finden ... schlicht darum, weil uns die Totalität der Erfahrung niemals zugänglich ist."[18]

---

16 vgl. Gribbin, Auf der Suche nach Schrödingers Katze S. 188-191
17 vgl. Byrne,Peter, Die Parallelwelten des Hugh Everett, in Spektrum der Wissenschaft, Heidelberg, 4/2008, S. 24ff
18 ebd. S 31

4. Aufenthaltswahrscheinlichkeiten und Energiewerte

4.1 Klassische Aufenthaltswahrscheinlichkeiten und Energiewerte

Im Folgenden werden die Aufenthaltswahrscheinlichkeit und die Energiewerte von Teilchen in der klassischen Physik anhand des Modell des eindimensionalen, unendlich tiefen Potentialtopfes dargestellt. Die Topfränder bilden eine sogenannte Potentialbarriere, sodass das Teilchen unendlich hohe potenzielle Energie besitzen müsste, um aus dem Topf zu gelangen. Es handelt sich um ein freies Teilchen, das sich mit konstanter Geschwindigkeit hin und her bewegt und an den Wänden des Topfes reflektiert wird. Die Wahrscheinlichkeit das Teilchen in einem bestimmten Topf-abschnitt dx zu finden ist an jeder Stelle gleich groß. Das Teilchen kann theoretisch jeden beliebigen Energiewert an-

nehmen: $w_{klassisch}(x)\,dx = \dfrac{dx}{L}$

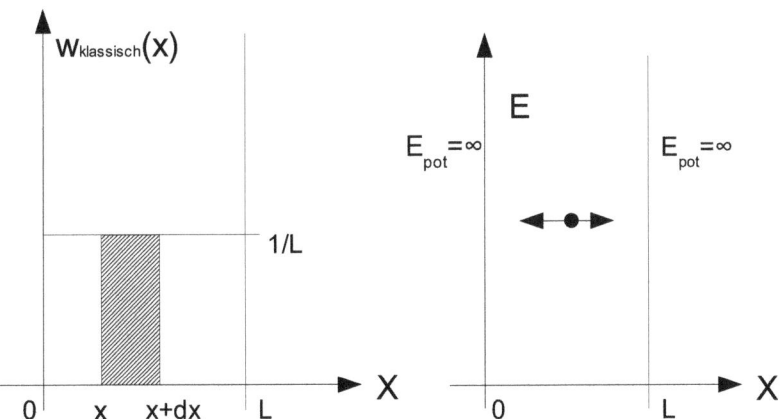

Abbildung 1: Teilchen im unendlich tiefen Potentialtopf
Die klassische Wahrscheinlichkeit, das Teilchen im Markierten Bereich dx zu finden,

ist: $w_{klassisch}(x)\,dx = \dfrac{dx}{L}$

also überall im Topf konstant. Die Gesamtwahrscheinlichkeit, das Teilchen zwischen null und L zu finden beträgt:

$$\int_0^L w(x)\,dx = \int_0^L \left(\frac{dx}{L}\right)dx = \frac{1}{L}\int_0^L dx = 1 \quad [19]$$

19 vgl. Wünschmann, Der Weg zur Quantenmechanik, S. 31

4.2 Aufenthaltswahrscheinlichkeit und Energiewerte in der Quantenmechanik

Die Aufenthaltswahrscheinlichkeit eines Elektrons in einem unendlich tiefen Potential-topf und die zugehörigen Eigenergiewerte sollen nun nach den Regeln der Quantenme-chanik berechnet werden. Für das Teilchen soll die in 2.3 gezeigte Schrödingerglei-chung gelten:

$$\psi '' + \frac{8\pi^2 m}{h^2}\left(E - E_{pot}(x)\right)\psi = 0 \tag{1}$$

Da sich das Elektron in keinem Kraftfeld befindet, hat es keine potentielle Energie.

$$\rightarrow E_{pot}(x) = 0 \tag{2}$$

Aus den Gleichungen (1) und (2) folgt die zu Lösende Schrödingergleichung:

$$\psi ''(x) + \frac{2mE}{\hbar^2}\psi(x) = 0 \qquad wobei \quad \hbar = \frac{h}{2\pi}$$

$$\rightarrow \psi ''(x) = -\frac{2mE}{\hbar^2}\psi(x)$$

$$\rightarrow \hbar^2\psi ''(x) = -2mE\,\psi(x)$$

$$\rightarrow \hbar^2\psi '' + 2mE\,\psi(x) = 0 \tag{3}$$

Zur Lösung der Gleichung (3) wird ein Vergleich mit der elektrischen Schwingungsdif-ferentialgleichung angeführt, denn diese Gleichung hat die selbe Form wie die Schrö-dingergleichung, daher haben auch ihre Lösungen dieselbe Form:

Elektrodynamik : $\quad Q(t) = Q_m \sin\sqrt{\frac{1}{CL}}t \quad$ oder $\quad Q(t) = Q_m \cos\sqrt{\frac{1}{CL}}t$

Schrödingergleichung : $\quad \psi(x) = C\sin\sqrt{\frac{2mE}{\hbar^2}}x \quad$ oder $\quad \psi(x) = C\cos\sqrt{\frac{2mE}{\hbar^2}}x$

Bei C handelt es sich um eine unbekannte Konstante.

Der nächste Schritt zur Lösung der Gleichung ist das Definieren der Randbedingungen. Da sich das Elektron im Potentialtopf eingesperrt befindet, muss die ψ-Funktion außer-halb des Potentialtopfes 0 sein. Daraus ergeben sich folgende Randbedingungen:

1. $\psi(0) = 0$ 2. $\psi(L) = 0$ [20]

---

20 vgl. Wünschmann, Der Weg zur Quantenmechanik S. 33, 34

Die Kosinusfunktion kann aufgrund der ersten Randbedingung keine Lösung sein, weil die Kosinusfunktion an der Stelle null den Wert eins hat. Als nächstes wird der Eigenenergiewert E bestimmt.

Er folgt aus der zweiten Randbedingung:

$$C \sin \sqrt{\frac{2mE}{\hbar^2}} L = 0 \tag{4}$$

Da die Sinusfunktion immer an der Stelle ganzzahlig vielfacher der Zahl π den Wert null hat gilt:

$$\rightarrow \sqrt{\frac{2mE}{\hbar^2}} L = n\pi \qquad\qquad n \in \mathbb{N} \tag{5}$$

$$\rightarrow \frac{2mE}{\hbar^2} L^2 = n^2 \pi^2 \tag{6}$$

$$E_n = \frac{n^2 \pi^2 \hbar^2}{2mL^2} \tag{7}$$

Es existieren also diskrete Energiewerte, das Teilchen kann nicht wie bei der klassischen Betrachtung in Kapitel 4.1 jeden beliebigen Energiewert annehmen. Die Zahl n wird auch als Hauptquantenzahl bezeichnet, sie beschreibt auf welchem Energieniveau sich das Teilchen befindet. Den Zustand n=1 nennt man Grundzustand. Aus den Gleichungen (4) und (7) ergeben sich die Eigenfunktionen für ein freies Teilchen:[21]

$$\psi_n(x) = C \sin \sqrt{\frac{2m}{\hbar^2} \frac{n^2 \pi^2 \hbar^2}{2mL^2}} x \quad \rightarrow \psi_n(x) = C \sin \frac{n\pi}{L} x \tag{8}$$

Die Berechnung der Konstante C erfolgt nun durch die Voraussetzung, dass das Teilchen irgendwo im Potentialtopf zu finden sein muss. Mit Hilfe der Bornschen Wahrscheinlichkeitsinterpretation (3.1) lässt sich dies mathematisch ausdrücken als:

$$\int_0^L |\psi_n|^2 dx = 1 \qquad \rightarrow C^2 \int_0^L \sin^2\left(\frac{n\pi}{L} x\right) dx = 1 \quad [22]$$

$$\rightarrow \quad \frac{1}{C^2} = \int_0^L 1 - \cos^2\left(\frac{n\pi}{L} x\right) dx = \int_0^L \frac{1}{2}\left(1 + \cos\frac{2n\pi}{L} x\right) dx$$

$$\rightarrow \quad \frac{2}{C^2} = \int_0^L 1 dx + \int_0^L \cos\left(\frac{2n\pi}{L} x\right) dx \quad \rightarrow \quad \frac{2}{C^2} = L + \left[-\sin\left(\frac{2n\pi}{L} x\right) * \frac{2n\pi}{L}\right]_0^L$$

$$\rightarrow \quad \frac{2}{C^2} = L + \left(-\frac{2n\pi}{L}\sin(2n\pi)\right) = L + 0 \quad \rightarrow \quad C = \sqrt{\frac{2}{L}}$$

---

21 vgl. Wünschmann, Der Weg zur Quantenmechanik S. 34
22 vgl. Wünschmann, Der Weg zur Quantenmechanik S. 34

Die normierten Eigenfunktionen lauten also:

$$\psi = \sqrt{\frac{2}{L}} \sin\left(\frac{n\pi}{L}x\right) \qquad ^{23} \qquad (9)$$

Die Wahrscheinlichkeitsdichte ist:

$$|\psi^2| = \frac{2}{L}\sin^2\left(\frac{n\pi}{L}x\right) \qquad (10)$$

Im folgendem ist die Eigenfunktion zu verschiedenen Energiezuständen und deren zugehörigen Wahrscheinlichkeitsdichten graphisch dargestellt. Die ψ-Funktion ist jeweils rot, die zugehörige Aufenthaltswahrscheinlichkeit blau eingefärbt.

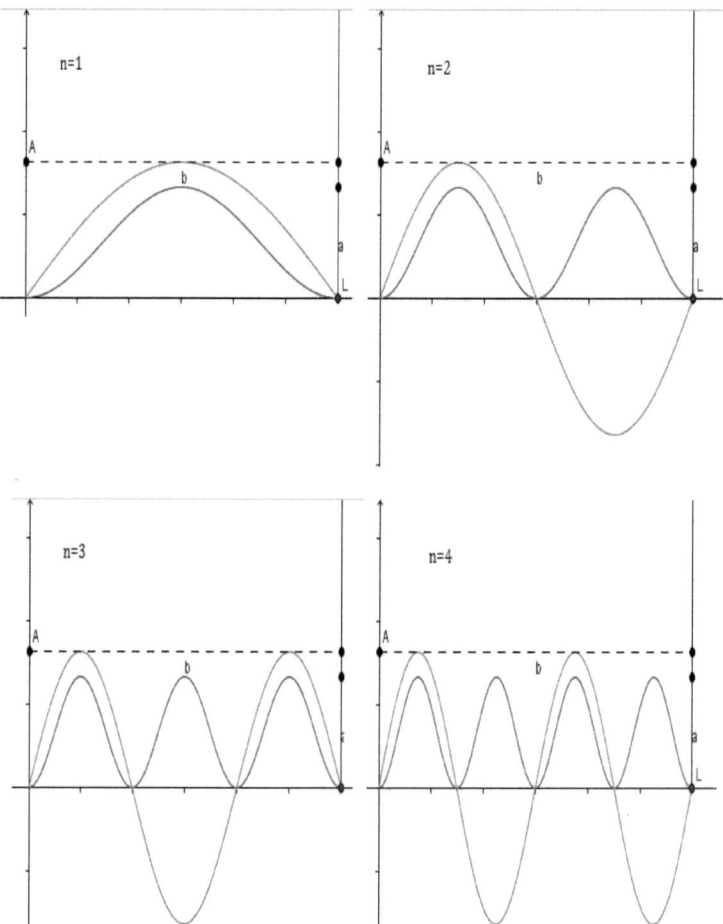

Abbildung 2: ψ-Funktion im unendlich tiefen Potentialtopf

23 vgl. Wünschmann, Der Weg zur Quantenmechanik S. 34

5. Der Quantenmechanische Tunneleffekt

Möchte man einen Tennisball zwei Meter hoch werfen, so muss das Gravitationsfeld der Erde überwunden werden. Das heißt am Höchsten Punkt muss die potentielle Energie des Balls der Arbeit entsprechen, die das Gravitationsfeld an ihm verrichtet. Es gilt:

$$E = E_{pot}$$

Dies ist auch für elektrische Felder gültig. In der Quantenmechanik jedoch, verhält es sich anders. Nach Heißenberg ist die Energie zu einem bestimmten Zeitpunkt unscharf:

$$\Delta E \, \Delta t \geq \frac{h}{2\pi} \quad [24]$$

Auf diese Weise kann man erklären, das die Eigenfunktionen der Schrödingergleichung über solche Kraftfeldbarrieren hinausragen. Die Grenzen der klassischen Physik sind hier nicht mehr absolut, *„Eine Schwelle trennt nicht vollkommen."*[25] Dies bezeichnet man als den Tunneleffekt und er ist unter anderem für die Erklärung von Vorgängen in der Kernphysik von großer Bedeutung. Der radioaktive α-Zerfall und die Fusion von Wasserstoffkernen sind nur zwei von vielen Beispielen. Die quantitative Berechnung von Tunnelphänomenen würde an dieser Stelle zu weit führen, deshalb soll der Tunneleffekt nur qualitativ diskutiert werden. Zu diesem Zweck wird nun ein eindimensionaler Potentialtopf mit endlich hohen Wänden betrachtet.

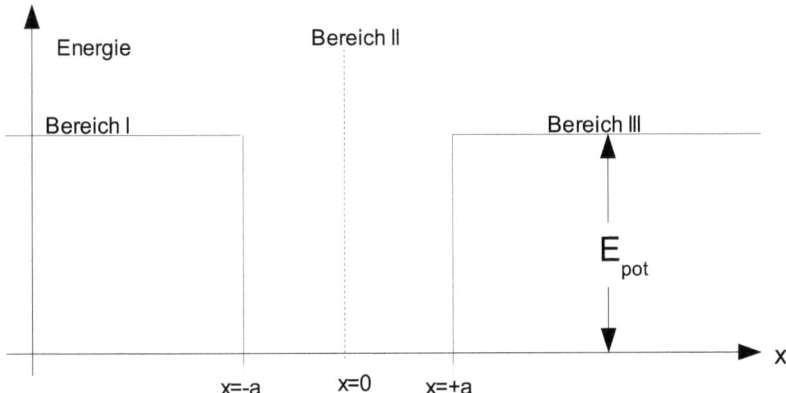

Abbildung 3: Endlich tiefer Potentialtopf

24 Hammer, Anton, et al., Physikalische Formeln und Tabellen, München, 2008, J. Lindauer Verlag
25 Hund, Geschichte der Quantentheorie S.198.

In allen Bereichen gilt die Schrödingergleichung der Form:

$$\psi''(x) = -\frac{2m}{\hbar^2}\left(E - E_{pot}(x)\right)\psi(x)$$

Zur Vereinfachung gilt:

$$\frac{2m}{\hbar^2}\left(E - E_{pot}(x)\right) := C$$

Die Betrachtung von C ergibt:

$C > 0$ wenn $E > E_{pot}$ für $E > 0$

$C < 0$ wenn $E < E_{pot}$ für $E > 0$

Im gezeichneten endlich tiefen Potentialtopf gilt:

$E_{pot}(x) = 0$ wenn $-a < x < +a$ (*innerhalb des Topfes*)
$E_{pot}(x) \geq E_{pot}$ wenn $x < -a \ \lor \ +a < x$ (*außerhalb des Topfes*)

Bereich II:

Es gilt:

$$\psi''(x) = -C\,\psi(x) \quad \text{und} \quad E_{pot}(x) = 0 \tag{1}$$

Daraus folgt:

$$C > 0 \text{ weil } E > E_{pot} \text{ für } E > 0 \tag{2}$$

Aus (1) folgt:

$$\text{Falls } \psi(x) > 0 \quad \text{dann ist} \quad \psi''(x) < 0 \tag{3}$$

$$\text{Falls } \psi(x) < 0 \quad \text{dann ist} \quad \psi''(x) > 0 \tag{4}$$

Das heißt also, immer wenn die Funktion selbst positive Werte annimmt, ist ihre Krümmung negativ, die Funktion macht also eine Rechtskurve. Ist die Funktion selbst negativ, macht sie entsprechend eine Linkskurve. An den Stellen, an denen die ψ- Funktion den Wert null annimmt wird auch ihre zweite Ableitung den Wert null annehmen, die Funktion hat also an allen Nullstellen auch Wendepunkte. Die Anzahl der Wendepunkte ist dabei abhängig von E. Wird der Betrag von E größer, so wird der Betrag von C größer, also auch der Betrag der Krümmung (Gleichung (1)). Vergrößert sich der Betrag der Krümmung strebt die ψ-Funktion schneller wieder der x-Achse entgegen und die Zahl der Nullstellen erhöht sich. Verringert sich der Energiewert E, so verkleinert sich die Zahl der Nullstellen. Beginnt man nun, unter Beachtung dieser Diskussion der Kurve, die qualitative Konstruktion bei einem beliebigen von null verschiedenen Startwert, so ergibt sich im Bereich I also innerhalb des Potentialtopfs eine sinus-ähnliche Funtion.

Bereich I und III

Es gilt:

$$\psi''(x) = -C\,\psi(x) \tag{1}$$

$$E_{pot}(x) = E_{pot} > E \tag{2}$$

$$C < 0 \text{ weil } E < E_{pot} \tag{3}$$

Im Potentialtopf ist $E < E_{pot}$, deshalb kann nach klassischer Überlegung das Teilchen den Topf nicht verlassen. Da die Funktion außerdem an jeder Stelle stetig und differenzierbar sein soll, gilt auch:

$$\psi(x) \rightarrow 0 \quad \text{für} \quad x \rightarrow \pm\infty \tag{4}$$

Woraus auch folgt, dass

$$\psi'(x) \rightarrow 0 \quad \text{für} \quad x \rightarrow \pm\infty \tag{5}$$

Aus (1), (2) und (3) folgt:

Falls $\psi(x) > 0$ dann ist $\psi''(x) > 0$ $\qquad\qquad$ (6)

Falls $\psi(x) < 0$ dann ist $\psi''(x) < 0$ $\qquad\qquad$ (7)

Das Ergebnis aus (6), (7) und den Bedingungen (4) und (5) ist, dass die ψ-Funktion außerhalb des Potentialtopfes, unabhängig davon ob sie negativ oder positiv ist, stets der x-Achse entgegen geht. Diese überschreitet sie aber nicht mehr, da die Funktion von der Achse weg gekrümmt ist, die einzige Nullstelle liegt im Unendlichen. Dabei ist jedoch nicht zu Vergessen, dass auch die Energie E die Krümmung beeinflusst. Daran ist die auch in Kapitel 4.2 gezeigte Quantisierung der Energie zu erkennen. Die ψ-Funktion verschwindet durch die Krümmungsänderung, abhängig davon, ob die Energie zu groß oder zu klein ist, im negativ- oder positiv-Unendlichen, wenn kein Eigenenergiewert eingesetzt wird. Dadurch wären die Randbedingungen jedoch verletzt. Lösungen bei denen die Randbedingungen nicht verletzt werden, nennt man auch stationäre Lösungen. In Abbildung 5 ist die ψ-Funktion für verschiedene beliebige und einen Eigenenergiewert, für ein Elektron in einem, wie eben diskutierten Potentialtopf dargestellt.[26]

---

26 vgl. Phillip, Schrödingergleichung, in http://www.quantenphysik-schule.de/Dokumente/schroedingergleichung-philipp.pdf, 12/2002,aufgerufen am 8.12.2010 (s. Materialien Nr. 1)

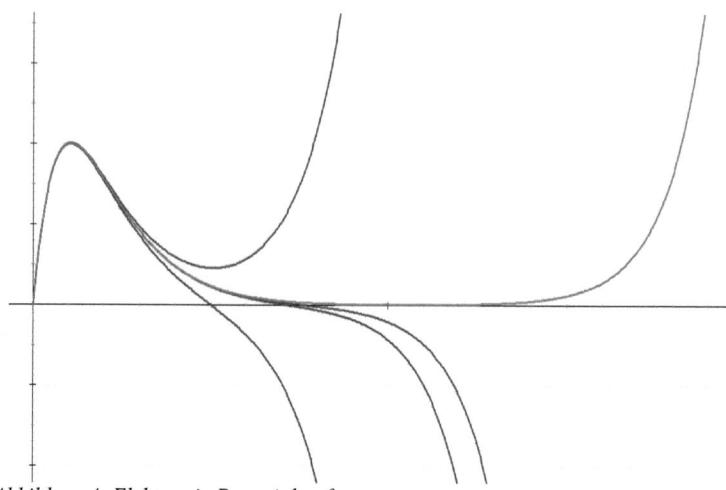

Abbildung 4: Elektron in Potentialtopf

Abbildung 5 zeigt die ψ-Funktion und deren Quadrat in und neben dem Potentialtopf, nach den diskutierten Kriterien.

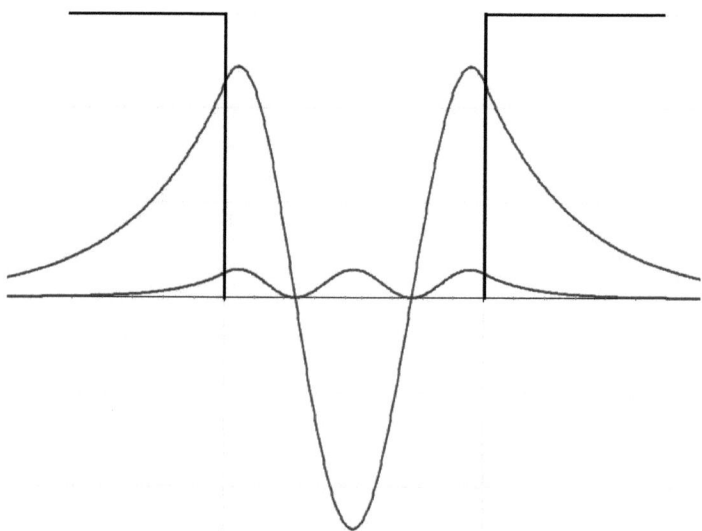

Abbildung 5: Verlauf von ψ und | ψ|² im Potentialtopf endlicher Tiefe

5.1 Der α-Zerfall

Schießt man ein α-Teilchen, also einen zweifach Positiv geladenen ^4_2He − Kern auf einen $^{238}_{92}\text{U}$ − Kern , so kann man die Energie berechnen, die nötig wäre um diesen zu Treffen. Es müsste ein Coulomb-Potential überwunden werden. Diese Energie lautet:

$$E_C = \frac{e^2}{4\pi\epsilon_0 r} \cdot Z_1 Z_2$$

Dabei ist Z_1 die Protonenanzahl des α-Teilchens, Z_2 die des Urankerns. Der Radius des Urankerns konnte durch die in den Ratherfordschen Streuversuchen gefundene Beziehung bestimmt werden:

$$r = \sqrt[3]{M} \cdot 10^{-15} \, m$$

Wobei M die Nukleonenzahl des jeweiligen Kerns ist, in diesem Fall 238. Die zu erreichende potentielle Energie ist.

$$E_{pot} = \frac{e^2}{4\pi\epsilon_0 \sqrt[3]{M}} \cdot Z_1 Z_2 \approx 30\text{MeV}$$

$^{238}_{92}U$ ist selbst auch ein α-Strahler, das heißt aus seinem Kern spalten sich α-Teilchen ab und verlassen diesen. Der Kern ist jedoch von genau der Potentialbarriere umgeben, von der von außen kommende Teilchen daran gehindert werden, einzudringen. Die Heliumkerne, die das Uranatom verlassen, müssten also mindestens die Energie 30MeV besitzen. Tatsächlich konnte aber für diese Strahlung aus dem Urankern höchstens eine Energie von 4eV gemessen werden. Nach klassischer Vorstellung könnten sie den Kern also nicht verlassen. Da ihre quantenmechanische Aufenthaltswahrscheinlichkeit hinter dem Potential jedoch nicht null ist, verlassen sie ihn nach der Quantenmechanik eben doch.

5.2 Die Kernfusion

In der Sonne findet die Freisetzung der Energie, die das Leben auf der Erde ermöglicht, durch Kernfusion statt. Dabei verschmelzen unter anderem zwei Protonen, zu einem Deuterium-Teilchen. Aus diesem entsteht in weiteren Reaktionen ein Heliumkern. Damit eine Fusion von zwei Protonen stattfinden kann, müssen sich diese beinahe berühren, der Abstand zwischen ihnen muss etwa 10^{-15} Meter betragen.[27]

---

27 vgl. o. A., Sonnenschein mit Hilfe des Tunneleffekts, in http://homepages.physik.uni-muenchen.de/~milq/kap11/k112p06.html aufgerufen am 21.12.2010 (siehe Materialien Nr. 2)

Wie schon beim α-Zerfall muss für diese Annäherung eine Coulomb-Barriere überwunden werden:

$$E_{pot} = \frac{e^2}{4\pi\epsilon_0 \cdot 10^{-15} m} \, 2Z_H \approx 1{,}4 \, MeV$$

Bei dieser Rechnung kann der Radius des Protons vernachlässigt werden. Um nun die dafür nötige Temperatur abzuschätzen, wird das Plasma im Inneren der Sonne als ideales Gas betrachtet. Es gilt:

$$E = \frac{3}{2}kT \rightarrow T = \frac{2E}{3k} \approx 1{,}1 \cdot 10^{10} \, K$$

k ist die Boltzmann-Konstante, $(1{,}38 \cdot 10^{-23} JK^{-1})$

Die Temperatur im Kern der Sonne liegt jedoch nur bei ungefähr 15 Millionen Grad, das heißt um drei bis vier Größenordnungen niedriger. Selbst wenn man berücksichtigt, dass die Temperatur sich aus der Durchschnittsenergie der einzelnen Teilchen ergibt und somit einzelne Protonen statistisch gesehen mehr Energie besitzen könnten, so reicht dies noch nicht aus um die große Differenz zwischen der theoretisch benötigten und der tatsächlich vorhandenen Temperatur zu erklären. Durch den Tunneleffekt, können aber auch schon Protonen der Energie 5 keV fusionieren. Diese Energie ist um drei Größenordnungen kleiner als die mit klassischem Verständnis ermittelte. Der Tunneleffekt erklärt also auch die Kernfusion in der Sonne tadellos.[28]

6. Das Wasserstoffatom nach Schrödinger

6.1 Entwicklung der Schrödingergleichung

6.1.1 Das Coulomb-Potential

Das Wasserstoffatom besteht aus einem Proton und einem Elektron. In guter Näherung lässt sich dieses System als ein Potenzialtopf beschreiben. Die Höhe des Topfes ist dabei jedoch vom Abstand des Elektrons zum Kern abhängig. Der Betrag der potentiellen Energie ist hier die Energie, die nötig ist, das Elektron aus dem Unendlichen dem Kern auf die Entfernung x zu nähern. Da sie entgegen dem Potential gerichtet ist, ist sie negativ. Sie berechnet sich aus der Coloumbkraft:

$$E_{pot} = \int_0^\infty F_c \, dx = -\frac{e^2}{4\pi\epsilon_0} \frac{1}{x}$$

---

28 vgl. o. A., Sonnenschein mit Hilfe des Tunneleffekts, in http://homepages.physik.uni-muenchen.de/~milq/kap11/k112p06.html aufgerufen am 21.12.2010 (siehe Materialien Nr. 2)

6.1.2 Atomare Einheiten

Da die Gleichung im Folgenden numerisch berechnet werden soll ist es vonnöten, die in der Gleichung vorkommenden Naturkonstanten zu normieren. Sie müssen in einer vergleichbaren Größenordnung bewegen, sonst erhöht sich der Rechenaufwand um ein Vielfaches. Zu diesem Zweck werden alle Einheiten in Nanometer und Elektronenvolt umgerechnet.

1. Ruhemasse des Elektrons m: $9.1094 \cdot 10^{-31}$ kg

2. Planck-Konstante h: $6,6261 \cdot 10^{-34}$ Js

3. Elementarladung e: $1,6022 \cdot 10^{-19}$ As

4. Elektrische Feldkonstante ε_0: $8,8542 \cdot 10^{-12}$ AsV^{-1}m^{-1}

5. Kreiszahl π: 3,1416

6. Umrechnungsfaktor von J in eV: $6,2415 \cdot 10^{18}$

Die Konstanten der Schrödingergleichung werden zusammen gefasst zu:

$$C := \frac{8\pi^2 m}{h^2} = -26,2467\, eV^{-1}\, nm^{-2} \qquad D := \frac{E^2}{4\pi\epsilon_0} = 1,4400\, eVnm$$

Für C ergibt sich dabei die Einheit eV^{-1}nm^{-2} für D ergibt sich eVnm. Die für das Wasserstoffatom zu berechnende Gleichung lautet nach berechnen und einsetzen von C und D:

$$\psi''(x) = -26,2467\, eV^{-1}\, nm^{-2}\left(En + 1,4400\, eVnm\frac{1}{x}\right)\psi(x)$$

6.2 Numerisches Lösungsverfahren

Bei Numerischen Lösungsverfahren ist der Einsatz des Computers nötig, da hier Lösungen genähert werden, indem man bestimmte Algorithmen sehr oft durchführt. Das einfachste numerische Verfahren zur Lösung von Differentialgleichungen ist das Euler-Verfahren. Da Computer jedoch endliche Maschinen sind muss ein Mathematisches Problem zuerst diskretisiert werden, es gilt also:

$$x = x_0 + jh \qquad j \in \mathbb{N}$$

Dabei ist x_0 der Anfangswert, j der Iterationsindex und h die Schrittweite. Anstatt x ist nun j die unabhängige Variable. Im Euler-Verfahren wird im Prinzip die Steigung einer Funktion bestimmt und damit eine Tangente an die Funktion berechnet.

Nun kann an der Stelle x_0+h der y-Wert der Tangente berechnet werden, dieser wird als Näherung für den y-Werte der gesuchten Funktion genommen und es wird erneut die Tangente der Funktion an dieser Stelle berechnet. Bei jedem dieser Vorgänge, genannt Iteration, entsteht natürlich auch ein Fehler, dessen Größe von h abhängt. Mathematisch gesehen basiert das Euler-verfahren auf der sogenannten Taylor-Reihe. Am Punkt a einer Funktion lautet diese:

$$P_f(x)=f(a)+\frac{f'(a)}{1!}(x-a)+\frac{f''(a)}{2!}(x-a)^2+...+\frac{f^{(n)}(a)}{n!}(x-a)^n$$

Da aber nur die erste Ableitung mit Hilfe des Differenzenquotienten berechnet werden kann, wird beim Euler-verfahren diese Formel nach der ersten Ordnung abgebrochen. Der dadurch entstehende Fehler liegt dann in der Größenordnung des ersten Vernachlässigten Terms, in diesem Fall spricht man von einem Fehler der Ordnung $O(h^2)$. In mathematischer Schreibweise lautet das Euler-Verfahren:[29]

$$y_{j+1}=y_j+h\frac{dy}{dx}+O(h^2)$$

Da die Umsetzung des Euler-Verfahrens zusätzlich Kenntnisse einer Programmiersprache erfordert wird die Software MODELLUS 4.01 benutzt, die Gleichungen numerisch mit dem sogenannten Runge-Kutta-Verfahren berechnet. Bei diesem Verfahren wird zunächst wieder die Steigung berechnet, dann nach der halben Schrittweite eine neue Tangente berechnet. Mit Hilfe dieser Steigung wird nun der y-Wert nach der ganzen Schrittweite genähert.(siehe Abbildung 4)

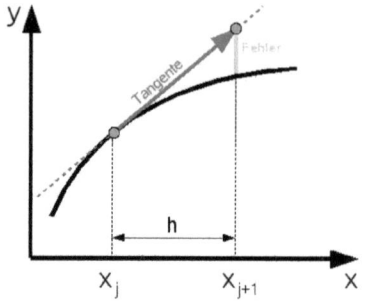
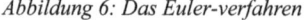
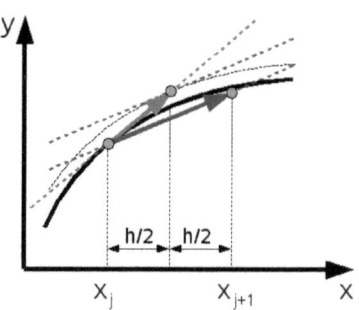

Abbildung 6: Das Euler-verfahren   *Das Runge-Kutta-Verfahren*

29 vgl. Prof. Dr. Haye Hinrichsen, Computational Physics (Bachelor), in http://www.physik.uni-wuerzburg.de/~hinrichsen/Vorlesungen/Skripte/cp.pdf, 21.10.2009, aufgerufen am 9.12.2010 S. 17ff, (siehe Materialien Nr. 3)

6.3 Berechnung mit MODELLUS 4.01

In MODELLUS können keine höheren Ableitungen eingegeben werden als die erste. Es können außerdem keine hoch oder tiefgestellten Indizes oder griechischen Buchstaben benützt werden. Die in Kapitel 6.1.2 gefundene Schrödingergleichung muss in mehreren Schritten in der in Abbildung 5 gezeigten Form eingegeben werden.hier wurde für die erste Ableitung die Abkürzung spsi verwendet, W steht für Wahrscheinlichkeit. Auserdem muss im Menüpunkt „Parameters" der Energiewert En definiert werden, unter „independent variable" wird die Schrittweite eingegeben.mit dem grünen „play"-Symbol wird die Rechnung gestartet. Im Fenster „Table" werden die ermittelten Lösungen ausgegeben, im Fenster „graph" wird direkt der Graph der Lösungsfunktion gezeichnet.

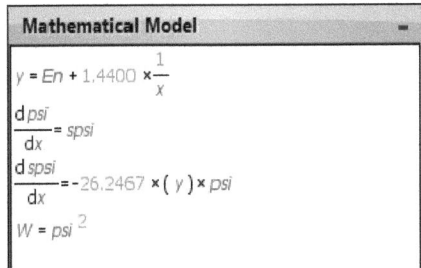

Abbildung 7: Schrödingergleichung in MODELLUS

6.3.1 Ermittlung der Eigenenergiewerte

In Kapitel 5 wurde das Verhalten der ψ-Funktion bereits diskutiert: Werden in die Schrödingergleichung zu große Werte für die Energie eingesetzt so divergiert sie bei fortlaufenden x-Werten ins positiv Unendliche, bei zu kleinen Energiewerten ins negativ Unendliche. Anhand dieser Kriterien können gezielt Energiewerte probiert werden, bis eine sehr gute Näherung erreicht ist. Hierzu sollte möglichst die ungefähre Größenordnung des gesuchten Wertes bekannt sein.

Im Versuch wurden bei einer Schrittweite von 0,002 die Eigenenergiewerte zu $E_1 \approx -13,5$ $E_2 \approx -3,4$ $E_3 \approx -1,5$ berechnet.[30] Für E_1 ergibt sich zum tatsächlichen Wert, gerundet 13,6 eV, ein Fehler von 7‰. Die beiden anderen Werte stimmen auf 3 geltende Ziffern gerundet, genau mit dem tatsächlichen überein.[31]

---

30 Siehe Anhang, Materialien Nr 4
31 vgl. Wünschmann, Der Weg zur Quantenmechanik, S. 56.

6.3.2 Berechnung des Bohrschen Atomradius

Im Bohrschen Atommodell ist der Bohrsche Radius, der Radius einer Kreisbahn auf dem das Elektron um den Kern kreist. Da man unter quantenmechanischer Betrachtung nicht von einer Bewegung sprechen kann, entspricht dieser Radius dem globalen Maximum der Funktion der Aufenthaltswahrscheinlichkeit. Da an dieser Stelle die erste Ableitung von ψ (also spsi) eine Nullstelle haben muss, wird zur Bestimmung des Bohrschen Radius die erste Ableitung berechnet, dann im Fenster „table" nach dem Wert von spsi gesucht, der null am nächsten kommt. Dieser ist bei einer Schrittweite von 0,002 zu 0,00485 bestimmt worden, an dieser Stelle ist x≈0,053.[32] Auch dieser Wert stimmt mit dem tatsächlichen überein.[33] Beim Coulomb-Potential handelt es sich um eine radialsymmetrische Funktion, daher kann der ermittelte Radius dazu verwendet werden das chemische 1s-Orbital zu zeichnen. Es ergibt sich eine Kugel.

7. Resümee

Auf der ersten Seite dieser Arbeit wurde behauptet, die Quantenmechanik sei Grundlage vieler unser heutigen technischen Geräte, wie des Computers oder des Lasers. Wo jedoch betreffen uns die Erkenntnisse dieser Facharbeit im täglichen Leben?. An dieser Stelle stößt man an die Grenzen der Schulphysik. Um zum Beispiel komplexe chemische Verbindungen mit der Schrödingergleichung zu erklären müssen zahlreiche Wellenfunktionen überlagert werden. Die Grundlage all dieser Dinge ist jedoch das hier dargestellte. Mir hat die Erstellung dieser Arbeit einen viel tieferen Einblick in das Themengebiet verschafft, als er im Unterricht vermittelt werden könnte. Vor allem der Einsatz des Computers war eine sehr interessante Erfahrung für mich, auch wenn ich sehr schnell an die Grenzen des, für mich Verständlichen geriet. Nicht umsonst sagte Niels Bohr einmal „*Wenn es Ihnen beim Studium der Quantenmechanik nicht schwindlig wird, dann haben Sie sie nicht wirklich verstanden.*"[34]

32 Siehe Anhang, Materialien Nr. 5
33 vgl. Wünschmann, Der Weg zur Quantenmechanik, S. 55.
34 Breuer Reinhard, Quantenspuk und Realität, in Spektrum der Wissenschaft Heidelberg, 7/2007, S.3.

Literaturverzeichnis

Breuer, Reinhard, Quantenspuk und Realität, Spektrum der Wissenschaft 7/2007, Spektrum der Wissenschaft Verlag.

Byrne, Peter, Die Parallelwelten des Hugh Everett, in Spektrum der Wissenschaft 4/2008, Heidelberg, 2008, Spektrum der Wissenschaft Verlag.

Gribbin, John, Auf der Suche nach Schrödingers Katze, München/ Zürich, 1991, Pieper-Verlag.

Hammer, Anton et al., Physikalische Formeln und Tabellen, München, 2008, J. Lindauer Verlag

Hammer, et al., Physik 13, München, 1998, Oldenburger Schulbuch-verlag.

Hund, Friedrich, Geschichte der Quantentheorie, 3. überarbeitete Auflage, Mannheim/Wien/Zürich 1984, Wissenschaftsverlag BI

Phillip, Schrödingergleichung, in http://www.quantenphysik-schule.de/dokumente/ schroedingergleichung-philipp.pdf, 12/2002, aufgerufen am 8.12.2010 (s. Materialien Nr. 1)

Prof. Dr. Haye Hinrichsen, Computational Physics (Bachelor), in http://www.physik.uni-wuerzburg.de/~hinrichsen/Vorlesungen/Skripte/cp.pdf, 1.2.2010, aufgerufen am 9.12.2010 (siehe Materialien Nr. 3)

Wünschmann, Andreas, Der Weg zur Quantenmechanik, o.O. o.J., Studien-Verlag Wünschmann

o. A., Sonnenschein mit Hilfe des Tunneleffekts, in http://homepages.physik.uni-muenchen.de/~milq/kap11/k112p06.html aufgerufen am 21.12.2010 (siehe Materialien Nr. 2)

Abbildungsverzeichnis